RUPESH KUMAR TIPU
VANDNA BATRA
SUMAN PUNIA

A arte da programação leve: Desenvolvimento Web simplificado com H

RUPESH KUMAR TIPU
VANDNA BATRA
SUMAN PUNIA

A arte da programação leve: Desenvolvimento Web simplificado com H

ScienciaScripts

Imprint

Any brand names and product names mentioned in this book are subject to trademark, brand or patent protection and are trademarks or registered trademarks of their respective holders. The use of brand names, product names, common names, trade names, product descriptions etc. even without a particular marking in this work is in no way to be construed to mean that such names may be regarded as unrestricted in respect of trademark and brand protection legislation and could thus be used by anyone.

Cover image: www.ingimage.com

This book is a translation from the original published under ISBN 978-620-7-47467-7.

Publisher:
Sciencia Scripts
is a trademark of
Dodo Books Indian Ocean Ltd. and OmniScriptum S.R.L publishing group

120 High Road, East Finchley, London, N2 9ED, United Kingdom
Str. Armeneasca 28/1, office 1, Chisinau MD-2012, Republic of Moldova, Europe
Printed at: see last page
ISBN: 978-620-7-77786-0

A Arte da Programação Leve: Desenvolvimento Web simplificado com HTML, CSS e JavaScript

A

Livro

Por

Rupesh Kumar Tipu

Vandna Batra &

Suman

Escola de Engenharia e Tecnologia

K. R. Mangalam University

Gurugram, Haryana, Índia

1

Conteúdo

PREFÁCIO

Na era digital, em que a velocidade e a eficiência dos sítios Web são tão cruciais como o seu conteúdo, a arte da programação leve destaca-se como uma pedra angular para os programadores Web modernos. "A Arte da Programação Leve: Streamlined Web Development with HTML, CSS, and JavaScript" embarca numa missão para o equipar com as competências essenciais, as melhores práticas e as estratégias inovadoras para criar sítios Web rápidos, reactivos e eficientes.

A génese deste livro reside na experiência colectiva de inúmeros programadores que navegaram no complexo panorama do desenvolvimento Web, enfrentando os desafios do desempenho, da manutenção e da experiência do utilizador. Este livro sintetiza essas experiências, oferecendo um guia abrangente que enfatiza a simplicidade, a velocidade e a eficiência no desenvolvimento da Web sem comprometer a funcionalidade ou o design.

A viagem através das páginas deste livro é uma exploração passo a passo de como utilizar HTML, CSS e JavaScript da forma mais simplificada possível. Desde a criação de HTML semântico para uma melhor estrutura e otimização para motores de busca (SEO) até à escrita de CSS eficiente e minimização de JavaScript, cada capítulo foi concebido para se basear no anterior, guiando-o no sentido de se tornar um programador proficiente que pode criar com confiança Web sites que resistem ao teste da velocidade e do envolvimento do utilizador.

Além disso, este livro não trata apenas de escrever código; trata-se de adotar uma filosofia de desenvolvimento que dá prioridade à experiência do utilizador final. As técnicas e os princípios aqui discutidos são orientados para o desenvolvimento de Web sites que carregam rapidamente, respondem prontamente e proporcionam uma experiência de utilizador perfeita, tudo isto mantendo uma estética bonita e uma funcionalidade completa.

Quer seja um principiante ansioso por mergulhar no mundo do desenvolvimento Web ou um programador experiente que procura aperfeiçoar as suas competências em práticas de codificação eficientes, este livro oferece informações valiosas e conselhos práticos que pode aplicar aos seus projectos. Os conceitos apresentados são o culminar de anos de melhores práticas, destilados num formato que é acessível, envolvente e altamente prático.

Ao virar estas páginas, o leitor é encorajado a aplicar as lições aprendidas nos seus próprios projectos, a experimentar as técnicas e a procurar continuamente formas de melhorar as suas competências de desenvolvimento Web. O objetivo final deste livro é capacitá-lo para criar sítios Web que não só tenham bom aspeto e funcionem bem, mas também carreguem rapidamente e se classifiquem favoravelmente nos resultados dos motores de busca, proporcionando uma experiência óptima aos utilizadores em todos os dispositivos.

Convidamo-lo a utilizar este livro como um roteiro para dominar a arte da programação leve, promovendo uma compreensão mais profunda do desenvolvimento Web e, em última análise, criando experiências digitais que encantam os utilizadores, cumprem os objectivos empresariais e elevam a qualidade e o desempenho gerais da Web.

Bem-vindo ao "The Art of Lightweight Programming: Desenvolvimento Web simplificado com HTML, CSS e JavaScript". A sua jornada para dominar o desenvolvimento eficiente da Web começa aqui.

CHAPTER 1

Introdução ao desenvolvimento Web simplificado

O domínio do desenvolvimento Web está em constante evolução, com novas tecnologias e metodologias a surgirem para melhorar a forma como criamos e interagimos com os sítios Web. Entre esses avanços, destaca-se o conceito de desenvolvimento Web simplificado, que se concentra na criação de Web sites rápidos, eficientes e fáceis de utilizar. Este capítulo aborda os princípios fundamentais da programação leve, o impacto significativo do desempenho na experiência do utilizador e o equilíbrio crucial entre design e eficiência.

1.1 Princípios da programação leve

A programação leve é uma filosofia que enfatiza a simplicidade, a eficiência e a clareza do código. Defende a escrita de código que não só é fácil de ler e manter, mas também tem um desempenho ótimo, utilizando o mínimo de recursos. Os princípios da programação leve são fundamentais no desenvolvimento Web, especialmente quando se considera a crescente complexidade das aplicações Web e a diversidade de dispositivos a que têm de dar resposta. Um diagrama que mostra as características da programação leve é apresentado na **Figura 1 - 1**.

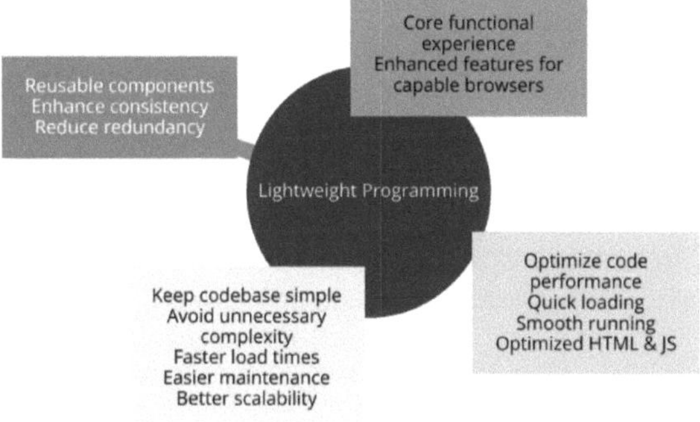

Figura 1 - 1. Princípios-chave da programação ligeira

Os princípios fundamentais incluem:

- **Simplicidade no design:** Manter a base de código simples e evitar complexidade desnecessária, o que pode levar a tempos de carregamento mais rápidos, manutenção mais fácil e melhor escalabilidade.

- **Foco no desempenho:** Garantir que o site carrega rapidamente e funciona sem problemas, optimizando vários aspectos do código, desde a estrutura HTML até à execução do JavaScript.

- **Modularidade e reutilização:** Conceber componentes e módulos que possam ser reutilizados em diferentes partes do sítio Web ou mesmo em diferentes projectos, aumentando a consistência e reduzindo a redundância.

- **Aperfeiçoamento progressivo:** Construir uma experiência central funcional que funcione para todos os utilizadores e, em seguida, melhorá-la com funcionalidades avançadas que melhoram a experiência para os utilizadores com navegadores capazes.

1.2 O impacto do desempenho na experiência do utilizador

O desempenho não é apenas uma caraterística técnica, mas uma componente fundamental que influencia diretamente a experiência do utilizador. Os sítios Web que carregam rapidamente e respondem prontamente às interacções do utilizador têm mais probabilidades de cativar os utilizadores, reter a sua atenção e incentivá-los a explorar mais. Em contrapartida, os sítios lentos podem levar à frustração, à diminuição da satisfação do utilizador e a uma maior probabilidade de os utilizadores abandonarem o sítio. O impacto do desempenho na experiência do utilizador é apresentado na **Figura 1 - 2**.

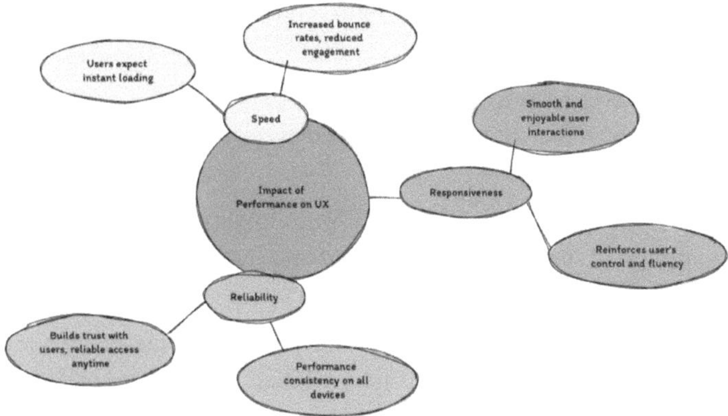

Figura 1 - 2. O impacto do desempenho na experiência do utilizador

Vários factores-chave ligam o desempenho à experiência do utilizador:

- **Velocidade:** Os utilizadores esperam que os sítios Web carreguem instantaneamente; mesmo alguns segundos de atraso podem levar a um aumento das taxas de rejeição e a um menor envolvimento dos utilizadores.

- **Capacidade de resposta:** Um sítio que reage rapidamente aos inputs do utilizador proporciona uma experiência suave e agradável, reforçando a sensação de controlo e fluência do utilizador nas suas interacções.

- **Fiabilidade:** Um desempenho consistente em diferentes dispositivos e condições de rede cria confiança junto do utilizador, garantindo que este pode aceder ao conteúdo ou aos serviços de que necessita em qualquer altura e em qualquer lugar.

1.3 Equilíbrio entre conceção e eficiência

Embora o design estético e o apelo visual sejam cruciais para cativar os utilizadores, devem ser equilibrados com a eficiência técnica do sítio Web. Este equilíbrio é fundamental no desenvolvimento Web simplificado, em que o objetivo é criar sítios que sejam simultaneamente bonitos e extremamente rápidos (ver **Figura 1 - 3**).

As estratégias para alcançar este equilíbrio incluem:

- **Activos optimizados:** Assegurar que as imagens, tipos de letra e outros activos são optimizados para a Web, fornecendo imagens de alta qualidade sem comprometer os tempos de carregamento.

- **Design reativo:** Criação de interfaces que se adaptam a vários tamanhos de ecrã e dispositivos, mantendo o desempenho e a integridade visual.

- **Animações eficientes:** Utilizar animações que melhorem a experiência do utilizador sem causar atrasos ou sobressaltos, especialmente em dispositivos menos potentes.

Em conclusão, o desenvolvimento Web simplificado consiste em adotar os princípios da programação leve para criar sítios Web que sejam não só esteticamente agradáveis, mas também com um desempenho excecional. Ao compreenderem o impacto do desempenho na experiência do utilizador e ao encontrarem o equilíbrio certo entre design e eficiência, os programadores podem criar experiências Web que são rápidas, cativantes e acessíveis a todos os utilizadores.

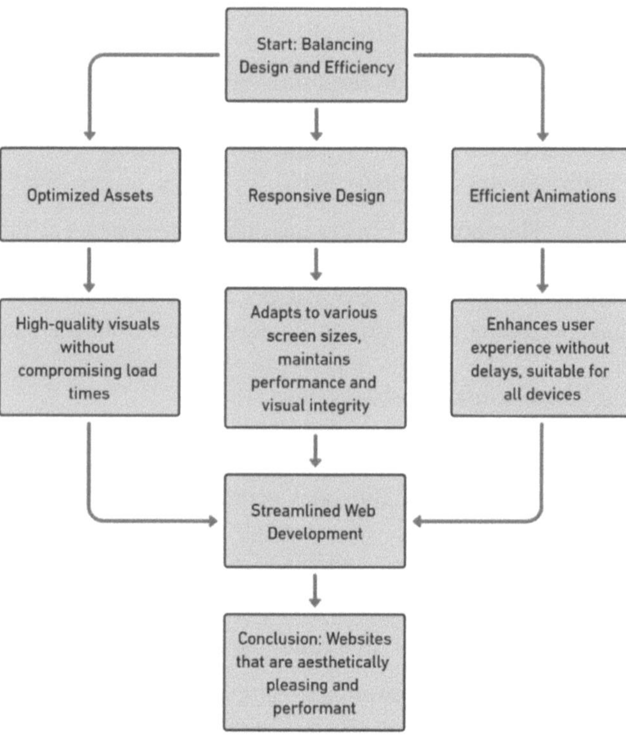

Figura 1 - 3. Equilíbrio entre design e eficiência num desenvolvimento web racionalizado

11

CHAPTER 2

HTML eficiente: A espinha dorsal do seu site

O HTML é a linguagem fundamental da Web, criando a estrutura e o conteúdo de todos os sítios Web. A sua eficiência é fundamental, não só para a velocidade de carregamento do sítio Web, mas também para garantir a acessibilidade e melhorar a otimização dos motores de busca (SEO). Esta secção explora a forma de aproveitar todo o potencial do HTML, concentrando-se na utilização semântica, optimizando a marcação e eliminando a redundância, o que contribui para um Web site mais robusto, acessível e eficiente.

2.1 HTML semântico para uma melhor estrutura e SEO

O HTML semântico envolve a utilização de etiquetas HTML para transmitir o significado e a estrutura do conteúdo da Web, e não apenas a sua aparência. Esta prática é crucial para criar páginas Web inteligíveis para os motores de busca e as tecnologias de assistência, melhorando assim a SEO e a acessibilidade. Elementos semânticos como `<artigo>`, `<secção>`, `<nav>` e `<rodapé>` definem explicitamente as partes de uma página Web, ajudando os motores de busca a indexar o conteúdo de forma mais eficaz e melhorando a visibilidade do sítio.

As principais vantagens do HTML semântico incluem:

- **Melhoria de SEO:** Os motores de busca favorecem conteúdos bem estruturados. A utilização de etiquetas semânticas garante que a hierarquia do conteúdo é clara, facilitando o rastreio e a indexação eficazes do Web site por parte dos motores de pesquisa.

- **Melhorias na acessibilidade:** As tecnologias de assistência baseiam-se em pistas semânticas para interpretar a estrutura da página. A utilização correcta dos elementos semânticos pode melhorar significativamente a navegabilidade do sítio para os utilizadores com deficiência.

- **Manutenção e escalabilidade:** Um documento semanticamente estruturado é mais fácil de ler, manter e escalar, uma vez que comunica claramente o papel de cada parte da página Web aos programadores e designers.

2.2 Otimizar a marcação para velocidade e acessibilidade

A otimização da marcação HTML é fundamental para acelerar o tempo de carregamento das páginas e melhorar a acessibilidade do sítio. Um código HTML limpo, bem estruturado e válido garante que as páginas Web não só são carregadas rapidamente, como também são universalmente acessíveis. Isto implica simplificar o código, garantir que cada elemento tem um objetivo e evitar etiquetas e atributos desnecessários que podem tornar a página mais pesada.

As estratégias para otimizar a marcação incluem:

- **Usar código eficiente:** Escreva HTML conciso, utilizando o número mínimo de elementos necessários para estruturar o conteúdo de forma eficaz. Evite etiquetas aninhadas redundantes ou desnecessárias que podem aumentar o tamanho da página e reduzir a clareza.

- **Dar prioridade à acessibilidade:** Assegurar que todos os elementos interactivos são acessíveis através do teclado, utilizar funções ARIA quando apropriado e assegurar que os formulários e tabelas estão corretamente rotulados e estruturados.

- **Validação de HTML:** Utilizar regularmente ferramentas de validação HTML para verificar a existência de erros no código, que podem afetar o desempenho e a acessibilidade se não forem verificados.

2.3 Eliminação de código redundante e racionalização de conteúdos

O código redundante não só incha a página Web, como também pode levar a tempos de carregamento mais lentos e a uma experiência de utilizador confusa. A racionalização do conteúdo envolve a remoção de código, comentários e espaços em branco desnecessários, o que contribui para um sítio Web mais simples e eficiente. Significa também otimizar a estrutura do conteúdo para facilitar a leitura e o desempenho, garantindo que o site transmite a sua mensagem de forma eficaz sem sobrecargas desnecessárias.

Os métodos eficazes de racionalização incluem:

- **Reduzir o HTML:** Utilize ferramentas para reduzir o código HTML, o que implica a remoção de todos os caracteres desnecessários (como espaços, quebras de linha e comentários) sem afetar a funcionalidade.

- **Otimização de multimédia incorporada:** Certifique-se de que todos os meios incorporados (como imagens, vídeos ou iframes) estão devidamente optimizados e não carregam recursos desnecessários.

- **Hierarquia de conteúdo:** Organizar o conteúdo de forma lógica e hierárquica, utilizando títulos (de <h1> a <h6>) para estruturar a página de forma eficaz e facilitar a rápida compreensão e navegação.

HTML eficiente não é apenas escrever código; trata-se de criar uma base bem estruturada, semanticamente rica e simplificada para o seu Web site. Ao concentrarem-se no HTML semântico, optimizando a marcação e eliminando a redundância, os programadores podem criar Web sites que carregam mais rapidamente, têm uma melhor classificação nos motores de busca e proporcionam uma experiência de utilizador mais acessível e agradável.

CHAPTER 3

CSS para um site de carregamento rápido

As folhas de estilo em cascata (CSS) desempenham um papel fundamental no desenvolvimento Web, controlando a apresentação visual de um sítio Web. Um CSS eficiente é vital para garantir que os Web sites sejam carregados rapidamente e renderizados sem problemas, proporcionando uma experiência de utilizador ideal. Este capítulo explora as estratégias para a criação de CSS eficientes, utilizando a cascata e a herança e implementando princípios de design reativo para criar websites de carregamento rápido e visualmente apelativos.

3.1 Escrever CSS eficiente: Melhores práticas

Escrever CSS eficiente significa adotar práticas que resultam em folhas de estilo que são simultaneamente leves e poderosas. O objetivo é estilizar o seu conteúdo Web da forma mais eficaz possível, sem sobrecarregar o browser com regras excessivas ou redundantes. A adesão às melhores práticas é crucial para manter a velocidade e a capacidade de resposta do seu sítio.

As principais práticas incluem:

- **Minimizar a especificidade:** Mantenha os selectores CSS simples e evite selectores demasiado específicos. O excesso de especificação pode levar a uma folha de estilos maior e tornar a substituição de estilos mais complicada, aumentando potencialmente o tamanho do ficheiro e tornando o site mais lento.

- **Propriedades abreviadas:** Utilize propriedades CSS abreviadas sempre que possível. Por exemplo, em vez de definir separadamente as propriedades **margin-top**, **margin-right**, **margin-bottom** e **margin-left**, utilize a propriedade **margin** para definir os quatro valores de uma só vez, reduzindo o tamanho do seu CSS.

- **Otimizar as consultas multimédia:** Utilize as consultas multimédia de forma sensata para fornecer as regras de estilo necessárias para o dispositivo, evitando o carregamento desnecessário de estilos irrelevantes para a janela de visualização atual do utilizador.

- **Estruture seu CSS de forma eficiente:** Organize seu arquivo CSS de uma forma lógica e consistente. Agrupar estilos relacionados e comentar secções pode ajudar a manter a folha de estilos, especialmente quando se trabalha em equipa ou se regressa ao código após um período.

3.2 Aproveitando a cascata e a herança para minimizar o código

A cascata e a herança são características fundamentais do CSS que, quando utilizadas corretamente, podem reduzir significativamente a quantidade de código que precisa de escrever, acelerando assim o tempo de carregamento do seu sítio Web. Compreender e utilizar estas características permite-lhe criar folhas de estilo mais fáceis de manter e simplificadas.

- **Compreender a cascata:** A cascata permite que os estilos sejam aplicados com base na sua especificidade, origem e ordem. Ao compreender isto, pode escrever folhas de estilo mais eficientes onde os estilos são reutilizados e substituídos eficazmente, reduzindo a redundância.

- **Utilizar a herança:** Muitas propriedades CSS herdam naturalmente os valores dos seus elementos pai, pelo que não precisa de declarar a mesma propriedade/valor para cada elemento. Use isso a seu favor para minimizar a repetição de declarações de estilo.

3.3 Design responsivo com CSS optimizado

O design reativo é essencial no desenvolvimento Web moderno, garantindo que os sítios Web são acessíveis e têm um bom desempenho em todos os dispositivos. O CSS optimizado é crucial para o design responsivo, permitindo layouts flexíveis e de carregamento rápido que se adaptam a vários tamanhos e resoluções de ecrã.

- **Grelhas fluidas:** Utilize layouts de grelha fluida que utilizam percentagens em vez de unidades fixas. Esta abordagem garante que o seu layout se adapta ao tamanho do ecrã, melhorando o tempo de carregamento e o aspeto em vários dispositivos.

- **Imagens optimizadas:** Certifique-se de que as imagens são reactivas, utilizando CSS para servir a imagem de tamanho adequado com base no tamanho do ecrã, reduzindo a carga de dados desnecessária.

- **Otimização de consultas multimédia:** Consolidar e gerir eficazmente as consultas multimédia. Agrupe todas as regras de consulta multimédia no final do seu ficheiro CSS ou segmente-as por componente, dependendo do método que resultar em menos linhas de código e numa manutenção mais fácil.

Em resumo, um CSS eficiente é essencial para criar sítios Web de carregamento rápido que ofereçam uma experiência de utilizador perfeita em todos os dispositivos. Seguindo as melhores práticas, tirando partido do poder da cascata e da herança, e implementando técnicas de design responsivo, os programadores podem garantir que os seus sítios Web são

O JavaScript é uma ferramenta poderosa no desenvolvimento Web, permitindo conteúdos dinâmicos e interfaces de utilizador interactivas. No entanto, seu uso indevido ou excessivo pode levar a gargalos de desempenho, afetando negativamente a experiência do usuário. Este capítulo aborda a otimização do JavaScript para aprimorar as páginas da Web sem sobrecarregá-las, concentrando-se no script principal para elementos interativos, carregamento assíncrono e técnicas para minimizar e compactar arquivos JavaScript.

4.1 JavaScript principal para elementos interactivos

A principal função do JavaScript no desenvolvimento Web é adicionar interatividade e conteúdo dinâmico às páginas Web. A utilização eficaz do JavaScript implica concentrar-se nas suas funcionalidades principais para melhorar as experiências do utilizador sem complexidade desnecessária.

- **JavaScript discreto:** Adote uma abordagem de JavaScript discreto, mantendo as camadas de conteúdo, design e comportamento separadas. Esta prática não só torna o seu código mais limpo e mais fácil de manter, como também melhora a acessibilidade e a SEO.

- **Delegação de eventos:** Utilize a delegação de eventos para minimizar o número de manipuladores de eventos no seu documento. Ao associar um único ouvinte de eventos a um elemento principal, pode tratar eventos de vários elementos secundários, reduzindo a utilização de memória e melhorando o desempenho.

- **Melhoria progressiva:** Desenvolva a funcionalidade do seu site tendo em mente o aprimoramento progressivo. Comece com uma linha de base funcional que funcione sem JavaScript e, em seguida, melhore as funcionalidades com JavaScript em camadas, garantindo que os recursos principais sejam acessíveis a todos os usuários, independentemente dos recursos de JavaScript do navegador.

4.2 Carregamento e execução assíncronos

O carregamento assíncrono de JavaScript é crucial para melhorar a velocidade a que as páginas se tornam interactivas. Ao adiar o carregamento ou a execução do JavaScript até que o HTML e o CSS necessários sejam processados, pode garantir que o conteúdo essencial é visível para o utilizador o mais rapidamente possível.

- **Usando Async e Defer:** Utilize os atributos **async** e **defer** nas etiquetas de script para controlar o carregamento e a execução do JavaScript. **O async** permite que um script seja executado de forma assíncrona assim que estiver disponível, enquanto o **defer** atrasa a execução do script até que o documento HTML tenha sido totalmente analisado.

- **Carregamento dinâmico de scripts:** Implemente técnicas de carregamento dinâmico de scripts para carregar JavaScript a pedido. Isso pode reduzir significativamente o tempo de carregamento inicial, especialmente para aplicativos de página única ou sites com uso intenso de scripts.

- **API Ajax e Fetch:** Utilize o Ajax e a API Fetch para carregar conteúdo de forma assíncrona sem atualizar a página. Esta abordagem pode melhorar a experiência do utilizador, actualizando partes de uma página em resposta a acções ou eventos do utilizador.

4.3 Minimizar e comprimir ficheiros JavaScript

Reduzir o tamanho dos ficheiros JavaScript é essencial para acelerar os tempos de carregamento e melhorar o desempenho do site. A minimização e a compressão são estratégias fundamentais para o conseguir.

- **Minificação:** Reduza os seus ficheiros JavaScript, o que implica a remoção de caracteres desnecessários (como espaços em branco, comentários, caracteres de nova linha) sem alterar a funcionalidade. Este processo reduz o tamanho do ficheiro, levando a tempos de transferência mais rápidos.

- **Compressão:** Utilize técnicas de compressão como Gzip ou Brotli para comprimir os seus ficheiros JavaScript no servidor antes de os enviar para o browser. Isto pode reduzir significativamente a largura de banda necessária para descarregar os scripts, melhorando o tempo de carregamento do sítio.

- **Agrupamento:** Agrupe seus arquivos JavaScript se você tiver muitos arquivos pequenos. Isso reduz o número de solicitações HTTP necessárias para buscar os recursos, embora deva ser equilibrado com as vantagens dos recursos de multiplexação do HTTP/2, quando aplicável.

Em conclusão, melhorar as páginas Web com JavaScript envolve efetivamente um equilíbrio cuidadoso entre funcionalidade e desempenho. Concentrando-se nas principais funcionalidades do JavaScript, implementando o carregamento assíncrono e minimizando e comprimindo ficheiros JavaScript, os programadores podem criar experiências Web dinâmicas e interactivas que carregam rapidamente e funcionam sem problemas, proporcionando uma experiência óptima para o utilizador.

CHAPTER 5

Otimização de imagens e suportes de dados

A otimização de imagens e multimédia é crucial no desenvolvimento Web, uma vez que estes elementos constituem frequentemente a maior parte do tamanho de uma página Web, afectando significativamente o seu tempo de carregamento e a experiência do utilizador. Este capítulo centra-se na seleção dos formatos de imagem apropriados, na implementação de técnicas de imagem eficientes e de resposta rápida e na otimização do conteúdo multimédia para garantir que as páginas Web carregam rapidamente, mantendo uma fidelidade visual de alta qualidade.

5.1 Escolher os formatos certos para imagens da Web

A escolha do formato de imagem desempenha um papel fundamental na otimização do desempenho e da qualidade. Cada formato tem os seus pontos fortes e é adequado a diferentes tipos de imagens e casos de utilização:

- **JPEG:** Ideal para fotografias e imagens realistas, o formato JPEG suporta milhões de cores e comprime eficazmente imagens detalhadas, resultando frequentemente em tamanhos de ficheiro mais pequenos com uma redução da qualidade em níveis de compressão elevados.

- **PNG:** Mais adequado para imagens que requerem transparência ou imagens com texto, arestas vivas e cores consistentes. Os PNGs não têm perdas, o que significa que não perdem qualidade com a compressão, mas isto também pode resultar em tamanhos de ficheiro maiores em comparação com os JPEGs.

- **WebP:** Um formato moderno que proporciona uma compressão superior com e sem perdas para imagens na Web. A utilização do WebP pode resultar em imagens mais pequenas e mais ricas que tornam a Web mais rápida.

- **SVG:** Ideal para ícones, logótipos e ilustrações. Os SVGs são baseados em vectores e podem ser redimensionados para qualquer tamanho sem perder qualidade, o que os torna perfeitos para um design responsivo.

5.2 Técnicas para imagens responsivas e eficientes

O design reativo é essencial para garantir que as imagens têm um ótimo aspeto em todos os dispositivos e são carregadas de forma eficiente. A implementação de técnicas de imagem reactiva pode melhorar significativamente o desempenho:

- **Tags de imagem responsivas:** Utilize o elemento <picture> e o atributo **srcset** para fornecer diferentes versões de imagens com base no tamanho do ecrã, na resolução ou noutros factores, garantindo que os dispositivos transferem apenas a versão mais adequada.

- **Compressão de imagens:** Aplique técnicas de compressão para reduzir o tamanho dos ficheiros sem afetar significativamente a qualidade. Muitas ferramentas e serviços automatizam este processo, proporcionando um equilíbrio ótimo entre tamanho e qualidade.

- **Carregamento lento:** Implemente o carregamento lento para imagens, que adia o carregamento de imagens que não estão na janela de visualização. Isto significa que os utilizadores só descarregam as imagens que vêem, melhorando os tempos de carregamento da página e conservando a largura de banda.

5.3 Otimização de conteúdos multimédia para velocidade da Web

O conteúdo multimédia, incluindo vídeo e áudio, pode afetar significativamente o tempo de carregamento da página e o desempenho geral do sítio. A otimização destes elementos é fundamental para manter tempos de carregamento rápidos, proporcionando simultaneamente uma experiência de utilizador rica:

- **Otimização do conteúdo de vídeo:** Comprimir os ficheiros de vídeo e utilizar formatos modernos como H.264 ou VP9 para garantir conteúdos de alta qualidade com tamanhos de ficheiro mais reduzidos. Considere o fornecimento de várias resoluções de vídeo e a utilização de tecnologias de transmissão adaptáveis para proporcionar a melhor experiência possível em todas as condições de rede.

• **Formatos de áudio eficientes:** À semelhança do vídeo, os ficheiros de áudio devem ser comprimidos e codificados em formatos eficientes, como AAC ou MP3, para garantir que não aumentam desnecessariamente o tamanho da página Web.

• **Substituir meios pesados:** Sempre que possível, substitua o vídeo por alternativas mais leves, como GIFs animados ou vídeos curtos em loop sem som, especialmente para imagens de fundo que não exijam detalhes de alta definição.

Em conclusão, a otimização das imagens e dos meios de comunicação é fundamental na conceção da Web, afectando significativamente os tempos de carregamento e a participação dos utilizadores. Escolhendo os formatos certos, aplicando técnicas de resposta e optimizando o conteúdo multimédia, os programadores podem melhorar a velocidade e o desempenho das páginas Web, proporcionando aos utilizadores uma experiência de navegação agradável e sem problemas.

CHAPTER 6

Técnicas de otimização do desempenho da Web

A otimização do desempenho da Web é crucial para melhorar a experiência do utilizador, melhorar a classificação nos motores de busca e garantir o funcionamento eficiente de um Web site. Este capítulo explora técnicas e estratégias essenciais para a otimização do desempenho da Web, incluindo a utilização de ferramentas de teste de desempenho, a minificação de recursos e o aproveitamento dos mecanismos de cache e compressão do browser.

6.1 Ferramentas e estratégias para testes de desempenho

Os testes de desempenho são fundamentais para identificar estrangulamentos e áreas a melhorar no tempo de carregamento e no comportamento interativo de um sítio Web. A utilização das ferramentas e estratégias correctas garante que um site se mantém rápido e eficiente, proporcionando uma experiência perfeita ao utilizador.

- **Ferramentas de teste de desempenho:** Ferramentas como o Google Lighthouse, WebPageTest e GTmetrix oferecem uma visão abrangente do desempenho de um sítio Web, analisando métricas como o tempo de carregamento, o tempo de interação e a mudança cumulativa de layout. Fornecem recomendações accionáveis para melhorar o desempenho do sítio.

- **Monitorização do utilizador real (RUM):** A implementação do RUM permite-lhe recolher dados de desempenho de utilizadores reais em tempo real. Estes dados reflectem diferentes localizações geográficas, dispositivos e condições de rede, oferecendo uma visão holística do desempenho do sítio Web em diferentes cenários.

- **Monitorização sintética:** Ao contrário da RUM, a monitorização sintética utiliza scripts predefinidos e navegadores automatizados para simular as interacções dos utilizadores, ajudando a identificar proactivamente problemas de desempenho antes de estes afectarem os utilizadores reais.

6.2 Reduzir CSS, JavaScript e HTML

A minimização é uma técnica de otimização fundamental que envolve a remoção de caracteres desnecessários dos ficheiros de código sem alterar a sua funcionalidade. Este processo reduz significativamente o tamanho dos ficheiros, conduzindo a tempos de carregamento mais rápidos.

- **Minificação de CSS:** Ferramentas como Clean-CSS e CSSNano analisam os seus ficheiros CSS, removem espaços em branco, comentários e código redundante, reduzindo assim o tamanho do ficheiro sem afetar o estilo das páginas Web.

- **Minificação de JavaScript:** Os minificadores de JavaScript, como o UglifyJS e o Terser, comprimem os seus scripts removendo caracteres desnecessários e renomeando variáveis para nomes mais curtos, melhorando assim a eficiência dos scripts e os tempos de carregamento.

- **Minificação de HTML:** A redução do HTML envolve a remoção de espaços em branco desnecessários, comentários e atributos redundantes. Ferramentas como o HTMLMinifier podem automatizar este processo, garantindo que os seus ficheiros HTML são simples e rápidos de carregar.

6.3 Aproveitar o cache e a compactação do navegador

O armazenamento em cache do navegador e a compressão de dados são técnicas poderosas para melhorar a velocidade e o desempenho do sítio Web, reduzindo significativamente os tempos de carregamento para visitantes repetidos e diminuindo a utilização da largura de banda.

- **Cache do navegador:** Ao configurar o seu servidor para definir cabeçalhos de cache adequados (como **Cache-Control** e **Expires**), pode instruir os navegadores para armazenarem cópias de ficheiros localmente. Isso reduz a necessidade de downloads repetidos de recursos estáticos, acelerando o carregamento de páginas para visitantes repetidos.

• **Técnicas de compressão:** A implementação de métodos de compressão como Gzip ou Brotli no seu servidor pode reduzir drasticamente o tamanho dos dados transmitidos. Estas técnicas funcionam através da compressão de ficheiros antes de os enviar através da rede para o browser, que depois os descomprime após a receção. Isto é particularmente eficaz para recursos baseados em texto, como ficheiros HTML, CSS e JavaScript.

• **Redes de distribuição de conteúdo (CDNs):** A utilização de CDNs também pode melhorar as estratégias de armazenamento em cache. As CDNs armazenam versões em cache dos seus recursos em várias localizações geográficas, fornecendo conteúdos do servidor mais próximo do utilizador, o que melhora significativamente os tempos de carregamento e reduz a carga do servidor.

Em resumo, a otimização do desempenho da Web é uma abordagem multifacetada que envolve uma análise detalhada e a implementação estratégica de várias técnicas. Ao utilizar eficazmente ferramentas para testar o desempenho, reduzir os recursos e tirar partido da cache e da compressão do navegador, os programadores podem melhorar significativamente a velocidade, a eficiência e a experiência geral do utilizador nos sítios Web.

O domínio dos fundamentos de SEO e a manutenção de um código limpo são fundamentais para o desenvolvimento de Web sites com uma boa classificação nos motores de busca, proporcionando uma experiência rápida e acessível aos utilizadores. Este capítulo aborda as práticas essenciais de integração de considerações de SEO na codificação, optimizando a estrutura do conteúdo para os motores de busca e o desempenho, e tirando partido dos metadados, da acessibilidade e do HTML semântico para melhorar a visibilidade e o envolvimento do utilizador.

7.1 Escrever código com a SEO em mente

Escrever código com a SEO em mente envolve mais do que apenas a integração de palavras-chave; trata-se de estruturar o seu HTML de forma a que os motores de busca possam facilmente compreender e indexar o seu conteúdo. Um código limpo e bem organizado contribui para um melhor rastreio e indexação pelos bots dos motores de busca, o que pode levar a melhores classificações de pesquisa.

- **URLs optimizados para SEO:** Utilize URLs claros e descritivos que incorporem palavras-chave relevantes, que podem ajudar tanto os utilizadores como os motores de busca a compreender o conteúdo da página.

- **Tags de cabeçalho:** Utilize corretamente as etiquetas de título (<h1> a <h6>) para estruturar hierarquicamente o seu conteúdo. A tag <h1> deve encapsular o tópico principal da página, com os títulos subsequentes representando subtítulos em uma ordem lógica.

- **Texto alternativo para imagens:** Inclua sempre texto alternativo descritivo para as imagens. Isto não só ajuda a SEO, fornecendo contexto aos motores de busca, como também melhora a acessibilidade para os utilizadores que dependem de leitores de ecrã.

7.2 Estruturação de conteúdos para motores de busca e velocidade

A forma como o conteúdo é estruturado no seu sítio Web desempenha um papel crucial na SEO e na velocidade geral do seu sítio. Um conteúdo eficiente e bem estruturado é mais facilmente indexado pelos motores de busca e carrega mais rapidamente, proporcionando uma melhor experiência ao utilizador.

- **Estrutura lógica:** Organize o conteúdo de forma lógica usando elementos semânticos HTML5, como **<artigo>**, **<secção>**, **<aside>** e **<nav>**. Esta estruturação semântica ajuda os motores de busca a compreender a função e o significado das diferentes partes do seu conteúdo.

- **Código eficiente:** Mantenha o seu HTML limpo e simplificado. Código estranho

CHAPTER 8: Design responsivo e otimização para dispositivos móveis

Numa era em que o acesso à Internet é predominantemente móvel, o design responsivo e a otimização móvel não são apenas vantajosos, mas essenciais. Este capítulo aborda as estratégias e as melhores práticas para a criação de sítios Web que ofereçam experiências perfeitas e eficientes em todos os dispositivos, centrando-se na compatibilidade entre dispositivos, optimizando o carregamento rápido em dispositivos móveis e utilizando metodologias de melhoramento progressivo.

8.1 Criar sítios Web para compatibilidade com vários dispositivos

Garantir que o seu sítio Web é compatível com vários dispositivos é crucial para alcançar um público mais vasto e proporcionar uma experiência de utilizador consistente. Isto implica conceber esquemas flexíveis, elementos escaláveis e ter em conta vários métodos de introdução de dados.

- **Layouts de grade fluida:** Utilize sistemas de grelha fluida que utilizam percentagens em vez de unidades fixas como os pixéis. Isto garante que o layout se adapta ao tamanho do ecrã, mantendo a estrutura do conteúdo e a usabilidade, independentemente do dispositivo.

- **Meios flexíveis:** As imagens, os vídeos e outros tipos de multimédia devem ser flexíveis. Devem ser dimensionados corretamente e caber dentro dos limites de qualquer tamanho de ecrã sem abrandar o tempo de carregamento da página.

- **Consultas multimédia:** Implemente consultas multimédia CSS para aplicar estilos diferentes com base nas características do dispositivo, como a largura, altura, orientação e resolução. Isto permite uma estilização ajustada que se adapta a qualquer tamanho de ecrã ou tipo de dispositivo.

8.2 Técnicas para carregamento rápido de sítios Web móveis

Os utilizadores móveis dependem frequentemente de redes celulares, que podem ser mais lentas ou ter menor largura de banda do que as ligações com fios. A otimização para a velocidade móvel é, por conseguinte, essencial para garantir tempos de carregamento rápidos e uma experiência de utilizador positiva.

- **Otimizar o tamanho das imagens:** Comprimir e redimensionar imagens com base no tamanho do ecrã para reduzir os tempos de transferência e o consumo de largura de banda, garantindo que as imagens são carregadas rapidamente sem comprometer a qualidade.

- **Minimizar código:** Simplifique o CSS, o JavaScript e o HTML reduzindo os ficheiros e removendo caracteres, comentários e espaços desnecessários. Isto reduz o tamanho total dos ficheiros, levando a tempos de carregamento mais rápidos.

- **Tirar partido do caching do navegador:** Utilize estratégias de caching para armazenar recursos frequentemente acedidos no dispositivo do utilizador, reduzindo a necessidade de downloads repetidos e acelerando os tempos de carregamento da página em visitas subsequentes.

8.3 Adotar a Melhoria Progressiva

O melhoramento progressivo centra-se em fornecer o conteúdo central da página Web a todos os utilizadores, independentemente da capacidade do seu navegador, e, em seguida, colocar em camadas características ou estilos melhorados para os navegadores que os suportam. Esta abordagem garante que todos os utilizadores podem aceder ao conteúdo e à funcionalidade essenciais do seu sítio Web.

- **Comece com uma base sólida de HTML:** Comece com conteúdo HTML que seja significativo e bem estruturado. Isto garante que o conteúdo principal do seu site está acessível mesmo que o JavaScript falhe ou esteja desativado.

- **Melhore com CSS e JavaScript:** Coloque estilos e interatividade adicionais com CSS e JavaScript. Os utilizadores com browsers capazes experimentarão a versão melhorada, enquanto os utilizadores com browsers limitados ou desactualizados continuam a aceder à versão básica mas funcional do site.

- **Teste em todos os dispositivos:** Teste regularmente o seu sítio Web numa variedade de dispositivos, browsers e sistemas operativos para garantir a compatibilidade e identificar quaisquer áreas em que as melhorias progressivas possam não estar a funcionar como pretendido.

O design responsivo e a otimização móvel são mais do que apenas ajustar os tamanhos dos ecrãs; trata-se de criar experiências Web flexíveis, eficientes e universalmente acessíveis. Ao concentrarem-se na compatibilidade entre dispositivos, optimizando o desempenho móvel e implementando uma estratégia de melhoria progressiva, os programadores podem garantir que os seus sítios Web estão preparados para satisfazer as diversas necessidades dos utilizadores actuais da Web.

À medida que o desenvolvimento Web evolui, manter-se a par das técnicas avançadas é crucial para criar Web sites rápidos, eficientes e modernos. Este capítulo aborda estratégias sofisticadas que podem melhorar significativamente o desempenho da Web, incluindo a implementação de carregamento lento, a otimização de aplicações de página única (SPAs) e o aperfeiçoamento de tipos de letra e iconografia da Web para maior velocidade e eficiência.

9.1 Implementação de Lazy Loading para carregamentos de página mais rápidos

O carregamento lento é um padrão de design que atrasa o carregamento de recursos não críticos no momento do carregamento da página; em vez disso, esses recursos são carregados no momento em que são necessários. Esta técnica pode reduzir significativamente o tempo de carregamento inicial da página, minimizar a utilização da largura de banda e melhorar o desempenho geral do sítio.

- **Imagens e iframes:** Utilize o atributo **loading="lazy"** para imagens e iframes, que instrui o navegador a adiar o carregamento desses recursos até que eles estejam prestes a entrar na janela de visualização.

- **JavaScript e CSS:** Adiar o carregamento de ficheiros JavaScript e CSS não essenciais para garantir que não bloqueiam a apresentação de conteúdo crítico. Estão disponíveis ferramentas e bibliotecas para ajudar a implementar o carregamento lento para vários tipos de conteúdo.

- **Dar prioridade ao conteúdo visível:** Concentre-se em carregar primeiro o conteúdo visível para o utilizador (acima da dobra), depois carregue o resto do conteúdo à medida que for necessário. Esta abordagem pode melhorar significativamente a perceção do desempenho do sítio Web.

9.2 Estratégias para aplicações de página única (SPAs) eficientes

As aplicações de página única oferecem uma experiência de utilizador suave e semelhante a uma aplicação, mas podem sofrer de problemas de desempenho se não forem devidamente optimizadas. SPAs eficientes carregam rapidamente e respondem prontamente às interacções do utilizador, mesmo com scripts pesados do lado do cliente.

- **Divisão de código:** Implemente a divisão de código para dividir seu pacote JavaScript em pedaços menores que são carregados sob demanda. Isso pode reduzir drasticamente o tempo de carregamento inicial e os custos de download de recursos.

- **Gerenciamento de estado:** Gerir eficazmente o estado da aplicação para minimizar a obtenção de dados desnecessários, os cálculos e as actualizações do DOM. A utilização de estruturas ou bibliotecas que optimizam a reatividade dos dados e a nova renderização de componentes pode melhorar significativamente o desempenho do SPA.

- **Server-Side Rendering (SSR) ou Static Site Generation:** Estas técnicas podem melhorar o desempenho dos SPAs enviando uma página totalmente renderizada do servidor no primeiro pedido, que pode depois ser "hidratada" num SPA, combinando o melhor dos dois mundos: carregamento inicial rápido e interatividade rica.

9.3 Otimização de tipos de letra e iconografia da Web

Os tipos de letra e os ícones da Web são essenciais para o design moderno da Web, mas também podem ser fontes de estrangulamentos de desempenho significativos. A otimização destes recursos garante que melhoram a experiência do utilizador sem comprometer a velocidade do sítio.

- **Estratégias de carregamento de tipos de letra:** Implemente estratégias de carregamento de fontes para evitar texto invisível ou Flash of Unstyled Text (FOUT). Técnicas como a utilização de **font-display: swap** podem melhorar a visibilidade do texto enquanto os tipos de letra estão a ser carregados.

•	**Utilização eficiente de ícones:** Considere a utilização de SVGs ou ícones de tipo de letra em vez de imagens bitmap para os ícones. Os SVGs, em particular, são escaláveis, podem ser estilizados com CSS e, normalmente, têm tamanhos de ficheiro mais pequenos do que ficheiros de imagem comparáveis.

•	**Subconjunto de tipos de letra:** Reduza o tamanho dos ficheiros de tipos de letra através de subconjuntos, o que implica incluir apenas os caracteres específicos de que necessita de um determinado tipo de letra. Isto pode diminuir drasticamente o tamanho dos ficheiros de tipos de letra que estão a ser carregados.

O domínio destas técnicas avançadas de desenvolvimento Web simplificado não só melhora o desempenho, como também a escalabilidade e a capacidade de manutenção dos projectos Web. A implementação de carregamento lento, a otimização de SPAs e o aperfeiçoamento de tipos de letra e iconografia da Web são estratégias fundamentais que se alinham com as normas Web modernas e as expectativas dos utilizadores, garantindo uma experiência Web robusta, de carregamento rápido e envolvente.

CHAPTER 10: Criação e implementação do seu site optimizado

10.1 Fluxos de trabalho de desenvolvimento eficientes

A criação de um fluxo de trabalho de desenvolvimento eficiente é crucial para otimizar o processo de criação e implementação de sítios Web. Isto envolve a configuração de uma série de tarefas automatizadas que simplificam todo o processo de desenvolvimento, desde a escrita do código até à sua implementação na produção. Um fluxo de trabalho eficaz aumenta a produtividade, reduz os erros e garante que o site final seja optimizado, tenha um bom desempenho e esteja pronto para os utilizadores.

10.1.1 *Configurando um ambiente de desenvolvimento local*

Comece por configurar um ambiente de desenvolvimento local que espelhe de perto o seu ambiente de produção. Isto pode ser conseguido utilizando ferramentas de virtualização como o Docker ou o Vagrant, que lhe permitem configurar ambientes isolados para o seu projeto.

```
# Exemplo de configuração de um contentor Docker para uma
aplicação Node.js simples

execução do docker -d ¥

  --name my-nodejs-app ¥

  -v $(pwd):/usr/src/app ¥

  -w /usr/src/app ¥

  -p 3000:3000 ¥

  node:14 node my-app.js
```

Este comando executa um contentor Docker com o Node.js instalado, monta o diretório atual no contentor, define o diretório de trabalho e mapeia as portas.

Use ferramentas de compilação como Webpack, Gulp ou Grunt para automatizar tarefas repetitivas, como minificação de código, compilação de SCSS para CSS e empacotamento de arquivos JavaScript. Aqui está um exemplo básico usando o Gulp para reduzir os arquivos JavaScript:

```
const gulp = require('gulp');

const terser = require('gulp-terser');


// Tarefa para reduzir o JavaScript
gulp.task('minify-js', () => {
  return gulp.src('src/js/**/*.js') // Ficheiros de origem
    .pipe(terser()) // Minimizar JavaScript
    .pipe(gulp.dest('dist/js')); // Destino para a saída
});


// Tarefa por defeito
gulp.task('default', gulp.series('minify-js'));
```

Instale os pacotes necessários (`gulp` e `gulp-terser`) antes de executar este script. Essa tarefa do Gulp minimiza todos os arquivos JavaScript no diretório **src/js** e os envia para `dist/js`.

10.1.3 *Integração contínua/implantação contínua (CI/CD)*

Integre um pipeline de CI/CD usando serviços como Jenkins, GitHub Actions ou GitLab CI/CD. Estas ferramentas criam, testam e implementam automaticamente o seu código sempre que as alterações são enviadas para o seu repositório, garantindo que o seu site de produção está sempre atualizado e passou em todos os seus testes.

Aqui está um exemplo básico de um fluxo de trabalho de GitHub Actions que instala dependências, cria o projeto e executa testes:

```
Nome: Node.js CI


sobre:

  empurrar:

    ramos: [ principal ]

  pull_request:

    ramos: [ principal ]


empregos:

  construir:


    funciona em: ubuntu-latest


    estratégia:

      matriz:

        node-version: [14.x]


    passos:

    - utiliza: actions/checkout@v2

    - name: Utilizar Node.js ${{ matrix.node-version }}
```

```
utiliza: actions/setup-node@v1

com:

    versão do nó: ${{ matrix.node-version }}
- executar: npm ci

- executar: npm run build --if-present

- executar: npm test
```

Este fluxo de trabalho é ativado em pedidos push ou pull para o ramo principal, configura o ambiente Node.js, instala dependências, constrói o projeto e executa testes.

10.1.4 *Otimização para produção*

Antes de implantar, certifique-se de que seu código esteja otimizado para produção. Isto pode incluir a redução de ficheiros CSS, JavaScript e HTML, a compressão de imagens ou outras tarefas que melhorem o desempenho.

Integre uma tarefa na sua ferramenta de construção para lidar com isso. Por exemplo, você pode ter uma configuração de produção do Webpack que inclui várias otimizações, como agitação de árvore, minificação e compactação de ativos.

10.1.5 *Implantação*

Automatize a implantação usando scripts ou ferramentas de implantação que se integram à sua plataforma de hospedagem, como Vercel, Netlify ou servidores tradicionais. Certifique-se de que o processo de implementação inclui passos para fazer cópias de segurança da versão atual, enviar a nova versão e reverter para a versão anterior em caso de erros.

Ao estabelecer um fluxo de trabalho de desenvolvimento eficiente, garante que o seu site permanece optimizado, escalável e fiável, com processos simplificados para desenvolvimento, teste e implementação. Esta abordagem estruturada não só melhora a qualidade do projeto Web, como também aumenta a produtividade da equipa de desenvolvimento.

10.2 Ferramentas para criar e agrupar o seu sítio Web

O panorama moderno do desenvolvimento Web oferece uma variedade de ferramentas para simplificar o processo de criação, agrupamento e otimização de Web sites. Estas ferramentas automatizam tarefas repetitivas, optimizam o tamanho dos activos e asseguram que o produto final tem um bom desempenho e é eficiente. Esta secção abrange algumas das ferramentas mais proeminentes utilizadas para criar e agrupar Web sites, destacando as suas características e a forma como podem ser integradas no seu fluxo de trabalho de desenvolvimento.

10.2.1 *Webpack*

O Webpack é um poderoso empacotador de módulos que se tornou o padrão da indústria para o desenvolvimento web moderno. Ele processa sua aplicação construindo um gráfico de dependências que inclui todos os módulos que sua aplicação precisa, e então empacota todos esses módulos em um ou mais bundles.

- **Características principais:**

  - Processa JavaScript, CSS, imagens e tipos de letra.

  - Suporta carregadores para pré-processar ficheiros (por exemplo, Babel para JavaScript, Sass para CSS).

  - Oferece uma interface rica em plugins para alargar as suas capacidades.

  - Optimiza o tamanho e a velocidade ao ativar funcionalidades como a divisão de código, a agitação em árvore e o carregamento lento.

10.2.2 *Utilização básica:*

Crie um arquivo `webpack.config.js` na raiz do seu projeto para definir sua configuração:

```
const path = require('path');
```

```javascript
module.exports = {
  entrada: './src/index.js',
  saída: {
    nome do ficheiro: 'bundle.js',
    path: path.resolve(__dirname, 'dist'),
  },
  módulo: {
    regras: [
      {
        teste: /¥.js$/,
        excluir: /node_modules/,
        utilizar: {
          carregador: 'babel-loader',
          opções: {
            predefinições: ['@babel/preset-env'],
          },
        },
      },
    ],
  },
};
```

Esta configuração especifica o ficheiro de ponto de entrada, o pacote de saída e uma regra para processar ficheiros JavaScript com o Babel.

10.2.3 *Rollup*

O Rollup é outro empacotador de módulos que se concentra em produzir pacotes menores e mais eficientes usando uma técnica chamada tree shaking, que elimina o código não utilizado. É particularmente popular para bibliotecas, mas também é usado para aplicações.

- Características principais:

  - Agrupa eficazmente os módulos ES.

  - Agitação de árvores para eliminar código não utilizado.

  - Pode produzir vários formatos (por exemplo, CommonJS, AMD, IIFE).

  - Sistema de plugins para alargar a funcionalidade.

- **Utilização básica:**

Definir um `rollup.config.js`:

```
exportar por defeito {
  input: 'src/main.js',
  saída: {
    ficheiro: 'bundle.js',
    formato: "iife",
  },
  plugins: [
    // Adicione os seus plugins aqui
  ],
};
```

Esta configuração define o ficheiro de entrada, o pacote de saída e o formato do pacote.

10.2.4 *Parcela*

Parcel é um empacotador de aplicações web de "configuração zero", que oferece uma configuração pronta para uso com o mínimo de configuração. É conhecido por sua rápida velocidade de empacotamento graças à sua compilação multicore, e não requer nenhum arquivo de configuração por padrão.

- **Características principais:**

  - Não é necessária qualquer configuração para uma instalação rápida.

  - Suporte integrado para uma vasta gama de tipos de ficheiros (por exemplo, HTML, CSS, JS, imagens).

  - Transformação automática utilizando Babel, PostCSS e PostHTML.

  - Substituição de módulos a quente (HMR) para ciclos de desenvolvimento mais rápidos.

- **Utilização básica:**

Basta apontar o Parcel para o seu ficheiro de entrada e ele trata do resto:

```
parcel index.html
```

Este comando agrupará a sua aplicação a partir de `index.html`, processando automaticamente os activos ligados, como scripts, folhas de estilo e imagens.

- Escolher a ferramenta correcta

- **Aplicações complexas:** Para aplicações de grande escala com muitas dependências, o Webpack é uma escolha sólida devido à sua extensa configurabilidade e recursos de otimização.

- **Bibliotecas e projectos mais pequenos:** O Rollup é ideal para bibliotecas ou projectos mais pequenos em que é necessário um agrupamento eficiente e a agitação das árvores.

- **Prototipagem rápida:** O Parcel é excelente para prototipagem rápida ou projectos em que prefere uma abordagem de configuração zero para começar imediatamente.

A integração destas ferramentas no seu fluxo de trabalho de desenvolvimento pode aumentar significativamente a eficiência do seu processo de criação, resultando em aplicações Web optimizadas e de alta qualidade. Cada ferramenta tem os seus pontos fortes únicos e casos de utilização ideais, pelo que a seleção da ferramenta certa depende das necessidades específicas e da complexidade do seu projeto.

10.3 Melhores práticas de implementação para desempenho

A implementação do seu sítio Web com um enfoque no desempenho é crucial para garantir uma experiência de utilizador rápida e fiável. Isto implica a adoção de melhores práticas que optimizem a entrega do seu sítio aos utilizadores finais, melhorando os tempos de carregamento e assegurando que o seu sítio permanece robusto em várias condições. Eis as principais estratégias a implementar para otimizar o desempenho durante a fase de implantação do seu sítio Web.

10.3.1 *Utilizar uma rede de distribuição de conteúdos (CDN)*

Uma rede de distribuição de conteúdos (CDN) é uma rede de servidores distribuídos globalmente, concebida para fornecer conteúdos aos utilizadores com elevada disponibilidade e elevado desempenho. A utilização de uma CDN pode reduzir significativamente a latência ao servir ficheiros a partir de localizações mais próximas do utilizador final, acelerando efetivamente o tempo de carregamento do seu sítio Web.

- **Armazenamento em cache:** as CDNs são excelentes para armazenar em cache recursos estáticos, como ficheiros CSS, JavaScript, imagens e vídeos. Ao armazenar cópias destes ficheiros em servidores próximos da localização do utilizador, as CDNs reduzem a distância que os dados têm de percorrer, o que pode melhorar drasticamente os tempos de carregamento.

- **Computação de borda:** Algumas CDNs avançadas oferecem capacidades de computação periférica, permitindo-lhe executar código mais próximo dos seus utilizadores para uma entrega de conteúdos ainda mais rápida e um processamento de dados dinâmico.

10.3.2 *Otimizar para HTTPS e HTTP/2*

Proteger o seu sítio Web com HTTPS não tem apenas a ver com segurança; tem também a ver com desempenho, especialmente quando combinado com HTTP/2. O HTTP/2 introduz várias optimizações que melhoram os tempos de carregamento dos sítios Web:

- **Multiplexação:** Permite que vários pedidos e respostas entre o cliente e o servidor ocorram simultaneamente através de uma única ligação, reduzindo a sobrecarga associada ao HTTP/1.x.

- **Server Push:** Permite que os servidores enviem os principais recursos para o navegador antes que este os solicite, diminuindo o tempo de espera para que os pedidos de ida e volta sejam concluídos.

Certifique-se de que o seu servidor está configurado para aproveitar o HTTP/2 e utilize sempre HTTPS para tirar partido destas vantagens de desempenho.

10.3.3 *Automatizar a otimização de imagens*

As imagens representam frequentemente a maior parte dos bytes descarregados numa página Web. Automatizar a otimização de imagens como parte do seu processo de implementação pode ter um impacto significativo no tempo de carregamento do seu site e na utilização da largura de banda.

- **Compressão:** Utilize ferramentas que comprimam imagens sem perder qualidade. Técnicas como a compressão sem perdas podem reduzir drasticamente o tamanho da imagem.

- **Formatos apropriados:** Certifique-se de que as imagens estão no formato correto (por exemplo, WebP para os navegadores Chrome) e que não são maiores do que o necessário para o seu tamanho de apresentação.

- **Imagens responsivas:** Disponibilize diferentes tamanhos de imagem com base no dispositivo do utilizador para garantir que não está a enviar imagens desnecessariamente grandes para dispositivos mais pequenos.

10.3.4 *Implementar o controlo contínuo e os orçamentos de desempenho*

Após a implementação, é essencial monitorizar continuamente o desempenho do seu sítio e estabelecer orçamentos de desempenho que definam limites para várias métricas de desempenho.

- **Ferramentas de monitorização:** Utilize ferramentas como o Google Lighthouse, o PageSpeed Insights ou o WebPageTest para monitorizar regularmente o desempenho do seu Web site e obter recomendações accionáveis para melhorias.

- **Orçamentos de desempenho:** Defina limites para determinadas métricas, como o tamanho das imagens, ficheiros JavaScript ou o tamanho total de uma página, para garantir que o desempenho se mantém dentro de limites aceitáveis. Isto pode ajudar a evitar regressões na velocidade do sítio ao longo do tempo.

10.3.5 *Tirar partido do caching do browser*

Configurar o servidor para aproveitar o cache do navegador pode fazer com que o site pareça significativamente mais rápido para visitantes repetidos. Ao especificar durante quanto tempo os navegadores da Web devem manter imagens, CSS, ficheiros JS e outros meios de comunicação na cache local, pode eliminar muitos pedidos de rede subsequentes em visitas repetidas, tornando o carregamento do seu site mais rápido.

- **Cabeçalhos Cache-Control:** Utilize os cabeçalhos Cache-Control para controlar as políticas de cache dos browsers. A definição de directivas **max-age** e **immutable** adequadas pode instruir o browser a armazenar em cache os recursos de forma eficiente.

10.3.6 *Otimizar o desempenho do backend*

O backend do seu sítio Web deve ser optimizado para tratar os pedidos de forma eficiente, garantindo que os activos do front-end são servidos de forma rápida e fiável.

- **Otimização da base de dados:** Reveja regularmente as consultas e estruturas da sua base de dados para garantir que são eficientes e indexadas adequadamente, o que pode reduzir a latência na recuperação de dados.

- **Armazenamento em cache do lado** do **servidor:** Implemente o armazenamento em cache do lado do servidor para armazenar os resultados de operações dispendiosas, para que os pedidos subsequentes dos mesmos dados possam ser servidos instantaneamente.

Ao integrar estas práticas recomendadas no seu fluxo de trabalho de implementação, pode garantir que o seu Web site não só é lançado com êxito, como também continua a apresentar um desempenho optimizado muito depois de entrar em funcionamento. Esta abordagem proactiva ao desempenho pode contribuir para melhores experiências do utilizador, melhor SEO e, em última análise, maior sucesso para o seu projeto Web.

10.4 Apêndice A: Lista de verificação para o desenvolvimento optimizado da Web

Esta lista de verificação serve como um guia abrangente para garantir que o seu processo de desenvolvimento Web está alinhado com as práticas recomendadas para a criação de Web sites optimizados, eficientes e de elevado desempenho. Abrange vários aspectos do desenvolvimento Web, desde o planeamento inicial e o design até à codificação, otimização e implementação.

Planeamento e estratégia

- Definir metas e objectivos de desempenho claros.

- Estabelecer um orçamento de desempenho para orientar as decisões de conceção e desenvolvimento.

- Escolha uma pilha de tecnologia que se alinhe com as necessidades de desempenho e escalabilidade do projeto.

Design e experiência do utilizador

- Conceber com princípios mobile-first para garantir um desempenho ótimo em dispositivos móveis.

- Opte por um design minimalista que dê prioridade aos elementos essenciais e reduza a desarrumação.

- Criar maquetas e protótipos para testar e aperfeiçoar a experiência do utilizador e as implicações em termos de desempenho.

HTML e estrutura

- Utilize HTML semântico para melhorar a SEO, a acessibilidade e a facilidade de manutenção.

- Assegurar que o sítio Web é acessível de acordo com as directrizes WCAG.

- Estruture o conteúdo para carregar primeiro o conteúdo crítico e acima da dobra.

CSS e estilo

- Minimizar a utilização de estruturas pesadas; considerar CSS modular ou utilitário primeiro, quando apropriado.

- Aplicar princípios de design reativo para responder a vários tamanhos de ecrã e dispositivos.

- Utilizar metodologias CSS eficientes e escaláveis, como BEM, SMACSS ou OOCSS.

JavaScript e Interação

- Carregue JavaScript de forma assíncrona e adie scripts não essenciais.

- Minimize a quantidade de JavaScript utilizada; remova o código não utilizado.

- Implementar o carregamento lento para imagens, iframes e scripts que não sejam imediatamente necessários.

Imagens e meios de comunicação

- Optimize imagens utilizando ferramentas de compressão sem perder qualidade.

- Utilize formatos de imagem modernos como o WebP para uma melhor compressão.

- Implementar imagens reactivas com tamanhos adequados para diferentes dispositivos.

Otimização do desempenho

- Teste regularmente o desempenho do sítio Web utilizando ferramentas como o Lighthouse, o PageSpeed Insights ou o WebPageTest.

- Implementar estratégias de armazenamento em cache para activos estáticos.

- Optimize a entrega com uma rede de distribuição de conteúdos (CDN) para um alcance global.

Acessibilidade

- Garantir a navegabilidade do teclado e indicadores visuais de foco.

- Fornecer texto alternativo para imagens e etiquetas ARIA, se necessário.

- Assegurar que os rácios de contraste das cores cumprem as normas de acessibilidade.

SEO e visibilidade

- Utilize a marcação de dados estruturados para melhorar a compreensão dos motores de busca.

- Certifique-se de que todas as páginas têm meta tags, títulos e descrições claras.

- Implementar URLs limpos e descritivos e manter uma estrutura lógica do sítio.

Segurança e conformidade

- Implementar HTTPS para proteger a transmissão de dados.

- Atualizar regularmente as dependências para reduzir as vulnerabilidades.

- Garantir a conformidade com os regulamentos de proteção de dados relevantes (por exemplo, RGPD, CCPA).

Implementação e manutenção

- Configure um ambiente de preparação para testar as alterações antes de as ativar.

- Automatize o processo de implementação para garantir a consistência e reduzir o erro humano.

- Actualize regularmente o conteúdo, corrija os erros e repita o feedback dos utilizadores.

Utilizando esta lista de verificação, os programadores e gestores de projectos podem abordar sistematicamente os projectos de desenvolvimento Web, assegurando que cada aspeto é optimizado em termos de desempenho, experiência do utilizador e eficácia geral. Recomenda-se a revisão e atualização regulares desta lista de verificação, de acordo com as melhores práticas actuais de desenvolvimento Web, para manter elevados padrões de desempenho Web.

10.5 Apêndice B: Recursos para aprendizagem adicional

Este apêndice fornece uma lista com curadoria de recursos para os interessados em aprofundar os seus conhecimentos e aperfeiçoar as suas competências no desenvolvimento Web, concentrando-se particularmente na otimização, nas melhores práticas e nas metodologias modernas. Quer seja um principiante ansioso por aprender o básico ou um programador experiente que procura manter-se atualizado com as últimas tendências, estes recursos podem oferecer informações e conhecimentos valiosos.

10.5.1 *Cursos e tutoriais online*

1. **Codecademy (Caminho de Desenvolvimento Web)** - Oferece cursos interactivos sobre HTML, CSS, JavaScript e desenvolvimento full-stack, para todos os níveis de competências.

   - Ligação: Codecademy - Desenvolvimento Web

2. **Udemy (The Web Developer Bootcamp)** - Um curso abrangente que cobre tecnologias front-end e back-end com aprendizagem prática e baseada em projectos.

   - Ligação: Udemy - O Bootcamp para Programadores Web

3. **freeCodeCamp** - Oferece uma infinidade de desafios e projectos de codificação em desenvolvimento Web, juntamente com certificação após a conclusão.

   - Ligação: freeCodeCamp

10.5.2 *Livros*

1. **"Eloquent JavaScript" de Marijn Haverbeke** - Uma introdução moderna à programação com JavaScript, centrada na escrita de código elegante e eficaz.

   - Disponível online: JavaScript Eloquente

2. **"High Performance Browser Networking" de Ilya Grigorik** - Oferece uma análise aprofundada da otimização da rede e do desempenho para aplicações Web modernas.

- Disponível online: Rede de Navegadores de Alto Desempenho

3. **"Don't Make Me Think" de Steve Krug** - Um livro clássico sobre usabilidade na Web, essencial para compreender os princípios da navegação intuitiva e da conceção da informação.

10.5.3 *Documentação e guias*

1. **MDN Web Docs** - Um recurso abrangente para programadores, que oferece documentação detalhada sobre HTML, CSS, JavaScript e APIs da Web, juntamente com guias e tutoriais.

- Ligação: MDN Web Docs

2. **Web.dev by Google** - Fornece guias de desenvolvimento Web modernos, estudos de casos e informações, com destaque para as optimizações de desempenho e as melhores práticas.

- Ligação: Web.dev

3. **Google Developers (Web Fundamentals)** - Uma coleção de artigos e guias para ajudar os programadores a criar, manter e otimizar os seus projectos Web.

- Ligação: Google Developers - Fundamentos da Web

10.5.4 *Comunidades e fóruns*

1. **Stack Overflow** - Uma vasta comunidade de programadores onde pode procurar aconselhamento, partilhar conhecimentos e descobrir uma vasta gama de discussões sobre tópicos de desenvolvimento Web.

- Ligação: Stack Overflow

2. **GitHub** - Não é apenas um serviço de alojamento de repositórios, mas também um local para colaborar, contribuir para projectos de código aberto e rever o código de outros programadores.

- Ligação: GitHub

3.   **Reddit (r/webdev)** - Um subreddit dedicado ao desenvolvimento Web onde os programadores partilham notícias, tutoriais, dicas e participam em debates.

- Ligação: r/webdev

10.5.5 *Podcasts e blogues*

1.   **Syntax.fm** - Um podcast sobre desenvolvimento web apresentado por Wes Bos e Scott Tolinski, cobrindo uma série de tópicos, desde frameworks JavaScript a conselhos de carreira.

- Ligação: Syntax.fm

2.   **CSS-Tricks** - Embora inicialmente focado em CSS, este blogue expandiu-se para cobrir todas as áreas de design e desenvolvimento Web com artigos e guias de alta qualidade.

- Ligação: CSS-Tricks

3.   **Smashing Magazine** - Uma revista online para web designers e programadores profissionais, com artigos, tutoriais e artigos de opinião.

- Ligação: Revista Smashing

A utilização destes recursos pode melhorar significativamente as suas competências de desenvolvimento Web, mantendo-o atualizado com as últimas tendências, técnicas e tecnologias do sector. A aprendizagem contínua e a adaptação aos novos avanços são fundamentais para se manter relevante e competente no domínio em constante evolução do desenvolvimento Web.

10.6 Apêndice C: Ferramentas e estruturas para um desenvolvimento Web eficiente

Este apêndice descreve uma seleção de ferramentas e estruturas que são fundamentais no desenvolvimento Web moderno, melhorando a eficiência, garantindo a robustez e facilitando a criação de Web sites optimizados e de alta qualidade. Esses recursos atendem a vários aspectos do desenvolvimento, desde a codificação e os testes até a implantação e a manutenção.

1. **React** - Uma biblioteca JavaScript declarativa, eficiente e flexível para a construção de interfaces de utilizador, em particular aplicações de página única.

- Sítio Web: React

2. **Vue.js** - Uma estrutura JavaScript acessível, versátil e de elevado desempenho para a criação de interfaces de utilizador e aplicações de página única.

- Sítio Web: Vue.js

3. **Angular** - Uma plataforma e uma estrutura para a criação de aplicações cliente de página única utilizando HTML e TypeScript, conhecida pela sua injeção de dependências, funcionalidades avançadas e ferramentas.

- Sítio Web: Angular

10.6.2 *Estruturas CSS*

1. **Bootstrap** - Uma estrutura de IU abrangente para a criação de sítios responsivos e que dão prioridade aos dispositivos móveis, com um sistema extenso de componentes e utilitários.

- Sítio Web: Bootstrap

2. **Tailwind CSS** - Uma estrutura CSS que dá prioridade à utilidade, com classes como flex, pt-4, text-center e rotate-90 que podem ser compostas para criar qualquer design, diretamente na sua marcação.

- Sítio Web: Tailwind CSS

3. **Bulma** - Uma estrutura CSS moderna baseada em Flexbox, que fornece componentes de front-end prontos a utilizar que podem ser facilmente combinados para criar interfaces Web reactivas.

- Sítio Web: Bulma

10.6.3 *Bibliotecas JavaScript*

1. **jQuery** - Uma biblioteca JavaScript rápida, pequena e rica em funcionalidades que simplifica a passagem de documentos

HTML, o tratamento de eventos, a animação e as interacções Ajax.

- Sítio Web: jQuery

2. **Lodash** - Uma biblioteca de utilitários JavaScript moderna que oferece modularidade, desempenho e extras, oferecendo uma gama de operações úteis em matrizes, números, objectos, cadeias de caracteres, etc.

- Sítio Web: Lodash

3. **D3.js** - Uma biblioteca JavaScript para produzir visualizações de dados dinâmicas e interactivas em navegadores Web, utilizando todas as capacidades dos navegadores modernos.

- Sítio Web: D3.js

10.6.4 *Ferramentas de desenvolvimento*

1. **Webpack** - Um empacotador de módulos estáticos para aplicações JavaScript modernas, quando utilizado corretamente, torna o seu código mais eficiente ao empacotar ficheiros, otimizar cargas e minimizar o código.

- Sítio Web: Webpack

2. **Babel** - Um compilador de JavaScript que permite usar JavaScript de última geração hoje, transformando a sintaxe, preenchendo recursos ausentes e muito mais.

- Sítio Web: Babel

3. **ESLint** - Uma ferramenta linter conectável e configurável para identificar e relatar padrões em JavaScript, ajudando os desenvolvedores a escrever código limpo e consistente.

- Sítio Web: ESLint

10.6.5 *Estruturas de teste*

1. **Jest** - Uma deliciosa estrutura de teste JavaScript com foco na simplicidade, suportando projetos usando Babel, TypeScript, Node.js, React, Angular e Vue.js.

- Sítio Web: Jest

2.   **Mocha** - Uma estrutura de teste JavaScript rica em recursos executada no Node.js e no navegador, tornando os testes assíncronos simples e divertidos.

- Sítio Web: Mocha

3.   **Cypress** - Uma ferramenta de teste de front-end de próxima geração criada para a Web moderna, oferecendo um ambiente de teste robusto para aplicações Web.

- Sítio Web: Cypress

10.6.6 *Implementação e controlo de versões*

1.   **Git** - Um sistema de controlo de versões distribuído, gratuito e de código aberto, concebido para gerir projectos com rapidez e eficiência.

- Sítio Web: Git

2.   **GitHub** - Uma plataforma para alojar e rever código, gerir projectos e criar software juntamente com milhões de outros programadores.

- Sítio Web: GitHub

3.   **Netlify** - Uma plataforma tudo-em-um para automatizar projectos Web modernos, oferecendo uma implementação contínua a partir do Git em todos os seus projectos front-end.

- Sítio Web: Netlify

Cada uma dessas ferramentas e estruturas traz seus próprios pontos fortes, atendendo a diferentes necessidades dentro do ciclo de vida do desenvolvimento web. Ao incorporá-las no seu fluxo de trabalho, pode aumentar a produtividade, manter normas de código de alta qualidade e simplificar o processo de desenvolvimento, teste e implementação de aplicações Web.

1.   **HTML (Hypertext Markup Language):** A linguagem de marcação padrão para a criação de páginas Web e aplicações Web. Define a estrutura e o conteúdo de uma página Web utilizando um conjunto de etiquetas e atributos.

2.   **CSS (Cascading Style Sheets):** Uma linguagem de folha de estilos utilizada para descrever a apresentação de um documento escrito em HTML. As CSS controlam a disposição, as cores, os tipos de letra e outros aspectos visuais de uma página Web.

3.   **JavaScript:** Uma linguagem de programação de alto nível que é normalmente utilizada para criar elementos dinâmicos e interactivos em páginas Web. É suportada por todos os navegadores Web modernos e permite a criação de scripts do lado do cliente.

4.   **Estrutura:** Um conjunto pré-construído de ferramentas, bibliotecas e convenções concebidas para facilitar o desenvolvimento de aplicações Web. As estruturas fornecem uma abordagem estruturada para a criação de projectos Web e incluem frequentemente funcionalidades como a ligação de dados, o encaminhamento e a arquitetura baseada em componentes.

5.   **Design responsivo:** Uma abordagem ao Web design que garante que uma página Web tem bom aspeto e funciona bem em vários dispositivos e tamanhos de ecrã, incluindo computadores de secretária, tablets e smartphones. O design responsivo envolve normalmente a utilização de grelhas fluidas, imagens flexíveis e consultas multimédia.

6.   **SEO (Search Engine Optimization):** O processo de otimização de um website para melhorar a sua visibilidade e classificação nas páginas de resultados dos motores de busca. A SEO envolve várias estratégias, incluindo pesquisa de palavras-chave, otimização de conteúdos e criação de ligações, para atrair tráfego orgânico dos motores de busca.

7.   **Backend:** A parte do lado do servidor de uma aplicação Web que é responsável pelo tratamento de pedidos, processamento de dados e geração de conteúdo dinâmico. As

tecnologias de back-end incluem linguagens de programação como Python, Ruby, PHP e estruturas como Django, Ruby on Rails e Laravel.

8. **Frontend:** A parte do lado do cliente de uma aplicação Web que é responsável pela interface do utilizador e pela experiência do utilizador. As tecnologias de front-end incluem HTML, CSS, JavaScript e estruturas de front-end como React, Vue.js e Angular.

9. **API (Interface de Programação de Aplicações):** Um conjunto de regras e protocolos que permite que diferentes aplicações de software comuniquem e interajam entre si. As API da Web, especificamente, permitem que os servidores Web exponham funcionalidades e dados a outros sistemas através da Internet.

10. **Implantação:** O processo de disponibilização de uma aplicação Web ou de um sítio Web aos utilizadores finais. A implementação envolve a transferência de ficheiros, a configuração de servidores, a criação de bases de dados e a garantia de que a aplicação está a funcionar corretamente num ambiente de produção.

Este glossário fornece uma compreensão básica de alguns termos fundamentais utilizados no desenvolvimento Web. Familiarizar-se com estes conceitos pode ajudá-lo a navegar no mundo do desenvolvimento Web de forma mais eficaz.

Referências

1. Flanagan, David. (2018). "JavaScript: O Guia Definitivo". O'Reilly Media.

2. Duckett, Jon. (2011). "HTML e CSS: Design and Build Websites". Wiley.

3. Meyer, Eric A. (2017). "CSS: O Guia Definitivo". O'Reilly Media.

4. Cederholm, Dan. (2009). "CSS3 para Web Designers". A Book Apart.

5. Grigorik, Ilya. (2013). "Rede de navegador de alto desempenho". O'Reilly Media.

6. Silge, Julia, & Robinson, David. (2017). "Mineração de texto com R: uma abordagem organizada". O'Reilly Media.

7. Castro, Elizabeth. (2016). "Tipografia responsiva prática". A Book Apart.

8. Krug, Steve. (2014). "Não me faças pensar, revisitado: A Common Sense Approach to Web Usability". New Riders.

9. Osmani, Addy (2018). "Aprendendo padrões de design de JavaScript". O'Reilly Media.

10. Wilson, Louis. (2019). "HTML5 e CSS3 para iniciantes: Seu guia para aprender facilmente a programação HTML5 e CSS3 em 7 dias". Publicado de forma independente.

11. Simpson, Kyle. (2019). "Você não conhece JS: escopo e fechamentos". O'Reilly Media.

12. Kahneman, Daniel. (2011). "Thinking, Fast and Slow". Farrar, Straus e Giroux.

13. Anderson, Chris. (2012). "Makers: A Nova Revolução Industrial". Crown Business.

14. Bradshaw, Jonny (2018). "Web Design Confidencial: Volume 1". Revista Smashing.

15. Gazzaniga, Michael S. (2018). "O Instinto da Consciência: Desvendando o Mistério de Como o Cérebro Faz a Mente". Farrar, Straus e Giroux.

16.   Vosloo, Willem. (2016). "CSS Master: Organizado, rápido e eficiente - CSS feito corretamente!" SitePoint.

17.   Friedman, Vitaly. (2018). "Padrões de design responsivo da Web: Maximizando a flexibilidade e o desempenho". Revista Smashing.

18.   Scalzo, Rob. (2019). "O bootcamp de JavaScript moderno (2019)." Udemy.

19.   Morris, Bill. (2016). "Aprendendo Web Design: Um guia para iniciantes em HTML, CSS, JavaScript e gráficos da Web". O'Reilly Media.

20.   Holzschlag, Molly E. (2017). "Projetando com padrões da Web". New Riders.

I want morebooks!

Buy your books fast and straightforward online - at one of world's fastest growing online book stores! Environmentally sound due to Print-on-Demand technologies.

Buy your books online at
www.morebooks.shop

Compre os seus livros mais rápido e diretamente na internet, em uma das livrarias on-line com o maior crescimento no mundo! Produção que protege o meio ambiente através das tecnologias de impressão sob demanda.

Compre os seus livros on-line em
www.morebooks.shop

Printed by Books on Demand GmbH, Norderstedt / Germany